Für Joe,
ohne den mein Traum nicht möglich gewesen wäre.

Für Carsten,
der ihn jeden Tag mit mir zusammen lebt.

Abenteuer Offenstall

Private Pferdehaltung auf dem eigenen Hof

Herstellung und Verlag: Books on Demand GmbH, Norderstedt
ISBN 9783837055863

Inhalt

Dieses Buch ist für alle die gedacht, die sich Gedanken darüber machen, Ihre Pferde so artgerecht wie möglich zu halten und die vielen Kompromisse leid sind, die sich aus der üblichen Pensionspferdehaltung ergeben. Es ist für alle Pferdehalter gedacht, die im Zusammenleben mit Ihren Pferden aus welchen Gründen auch immer den Wunsch hegen, Ihr "Familienmitglied" glücklich zu sehen und nicht nur physisch, sondern auch psychisch gesund zu erhalten, was sich aber auf Grund von verschiedensten Gegebenheiten in den meisten Pensionsställen oft nicht auf die Art und Weise verwirklichen lässt, wie man sich das persönlich vorstellt.

Ich selbst habe meine Pferde die ersten 20 Jahre meines Pferdehalterlebens bei einem Reitstall in Pension gehabt und mich danach auf unser eigenes Abenteuer Offenstall eingelassen. Das erste Jahr in einem weiteren Pensionsstall, der allerdings eine absolut vorbildliche Offenstallanlage neu erbaut hatte und nachdem die Erfahrungen ausreichten um es selbst zu versuchen, im eigenen Stall am Haus. Für alle die es sich auch zutrauen, es mit dieser Haltungsform zu versuchen, oder für Pferdehalter die sich über alternative Haltungsbedingungen informieren möchten, sind hier unsere gesammelten Erfahrungen. Eine Warnung sei allerdings vorausgeschickt: Manchmal hört die Arbeit einfach nicht auf! Es ist keineswegs so, dass es mit der neuen Freiheit der Pferde getan ist, denn grade im Offenstall sind große Flächen sauber und in Ordnung zu halten, im Gegensatz zur Boxenhaltung, wo bei 4x4 Meter Boxengröße Schluss ist. Die Pferde haben schon mal eine kleine Verletzung von Rangeleien, sind oft schmutzig oder nass, dass man ans Reiten nicht denken will und absolut nicht zu unterschätzen sind alle "logistischen" Arbeiten wie Futterbeschaffung, Bau und- Reparaturmaterialien selbst besorgen,

Mistentsorgung und so vieles mehr, die einen Großteil der zur Verfügung stehenden Zeit in Anspruch nehmen.

Missen möchte ich unseren kleinen Stall aber bei aller Arbeit und Mühe dennoch nicht mehr, denn ein Blick auf unsere drei Schönen wie sie über den Paddock schlendern und sich abends einfach noch mal in die Sonne stellen, oder früh am Morgen vor lauter Lebenslust mit hocherhobenem Schweif eine Runde über die Wiese rennen und unsere Hühnchen aufscheuchen würde mich auch für doppelt soviel Mühe immer wieder entschädigen.

Die Stallanlage

Die erste Überlegung zur Stallanlage sollte sich auf die Anzahl der Pferde beziehen, die man zu halten plant. Es bedeutet für die Pferde viel Stress, wenn ein Stall viel zu klein ist und nicht alle Pferde den Innenraum gleichzeitig nutzen können wenn sie es wollen. Dabei sind auch persönliche Vorlieben der einzelnen Pferde untereinander zu berücksichtigen, denn so nah sich befreundete Tiere oft gern sind, so viel mehr Platz benötigt ein anderes ranghohes oder sehr ängstliches Pferd für sich allein.

Eine verwinkelte Bauweise mit engen Ecken oder gar Gängen, in die ein rangniederes Tier gedrängt oder eingeklemmt werden kann sollten unbedingt durch mehrere Eingänge oder Umbau "entschärft" werden. Generell empfiehlt es sich wenn eben möglich zwei Ein-/ Ausgänge zu bauen um zu verhindern, dass ein Pferd mitten im Eingang die anderen aussperrt oder einschließt. Hierbei ist zu beachten, dass die Türöffnungen sich nicht genau gegenüber liegen, denn Pferde kommen zwar hervorragend mit den verschiedensten Temperaturen, ob heiß oder kalt zurecht, allerdings vertragen sie Zugluft überhaupt nicht.

Hat man nicht die Möglichkeit für mehrere Zugänge so kann es schon ausreichen, in den einen breiten Eingang eine Unterteilung durch einen senkrechten Balken zu bauen. Der Balken fungiert wie eine Trennwand, durch die ein großer Eingang unterteilt wird. So müssen die Pferde um diesen Balken herumgehen und ein einzelnes Pferd hat dann eventuell nicht mehr die Möglichkeit die gesamte Tür zu sperren.

Exzellente Lichtverhältnisse sind im Offenstall nicht so unbedingt wichtig wie in der Boxenhaltung, da die Pferde 24 Stunden am Tag freien Zugang nach draußen haben. Daher ist es nicht notwendig, für jeden "Boxenplatz" ein Fenster einzuplanen, wie man das in einer konventionellen Anlage tun würde. Bedacht werden muss auch, dass in einem Raum wo viele Pferde sich umeinander bewegen sehr viel mehr Bewegung herrscht, als wenn alle Pferde einzeln in abgeteilten Boxen gehalten werden, daher empfiehlt es sich, die Fenster z.B. mit Gittern gut zu sichern und Fenster aus Kunststoff statt aus Glas zu wählen. Außerdem haben wir festgestellt, dass die Pferde es im Sommer genießen, wenn der Stall relativ dunkel bleibt, was Insekten draußen hält. Wenn möglich ist es daher von Vorteil Fenster mit direkter Sonneneinstrahlung schließen oder verdunkeln zu können. Für Ecken in der keine Möglichkeit besteht eine elektrische Leitung zu verlegen eignen sich batteriebetriebene Kontaktlampen die völlig kabelfrei aufgehängt werden und durch Fingerdruck auf die Lampe betätigt werden. Diese Lampen liefern zwar keine große

Helligkeit, reichen aber aus um in einer schlecht zu beleuchteten Ecke etwas zu finden.

Den Außenbereich und den Paddock haben wir mit zum größten Teil durch Bewegungsmelder gesteuerte 200 Watt Halogen-Strahler beleuchtet, so muss man nicht immer voll beladen oder mit dem Pferd an der Hand einen Lichtschalter ansteuern, sondern das Licht geht von selbst an, sobald man in den Einzugsbereich des Bewegungsmelders tritt.

Futterplätze müssen unbedingt ausreichend für alle Pferde geplant werden. Es ist zwar so, dass die Pferde teilweise auch nacheinander fressen, grade bei der Rauhfutteraufnahme die mehrere Stunden des Tages in Anspruch nimmt sind Pferde dennoch gern gesellig und entscheiden meist als gesamte Herde zu ruhen oder zu fressen. Daher sollte es ausreichend Fress-plätze geben, damit alle Pferde nach Belieben mit der Herde zusammen fressen können. Wir haben uns dabei für eine Kombination aus Heusäcken, Futterraufen und Futterständern entschieden, so dass sich jedes Pferd seinen Lieblingsplatz suchen kann.

Heuraufen lassen sich ganz einfach entweder über Eck, oder rechteckig an der Wand entlang aus einfachen, ausreichend dicken Holzbrettern herstellen. Dabei sollte darauf geachtet werden, dass auf keinen Fall Nägel von der Montage oder den Nähten überstehen und dass keine scharfen Ecken vorhanden sind. Die Höhe sollte so gewählt werden, dass die Raufen dem größten Tier mindestens bis zum Sprunggelenk gehen, sonst hat man nämlich etwas überhungrige Exemplare in der Raufe statt davor stehen. Sie sollten allerdings auch nicht so hoch sein, dass kleine Herdenmitglieder den Boden der Raufen nicht mehr berühren können, denn dann würgen sich diese am Hals beim Versuch an die letzten Halme zu kommen.

Ganz wichtig ist wie bei allen Gegenständen und Bauten im Stall, dass keine Köpfe oder Füße eingeklemmt werden können. Man glaubt gar nicht, in welche schmalen Spalte ein Pferd beim Scharren einen Huf zwängen kann und sich dann nicht mehr befreien kann ohne sich schwer zu verletzen. Als Ersatz für Holz eignen sich auch ausrangierte Förderbänder aus Hartgummi ausgezeichnet, die über Eck an der Wand gefestigt werden und ein absolut verletzungssicheres Material darstellen. Meist kann man diese entweder bei Recyclingunternehmen, oder das ein oder andere Stück beim Nachbarbauern bekommen.

Heusäcke lohnen sich nur für Ecken die entweder unbebaubar sind, oder in kleinen Beständen von 2-3 Pferden. Ansonsten ist der Aufwand durch das geringe Fassungsvermögen zu groß die Säcke zu stopfen. Heunetze mit großen Maschen sind auf keinen Fall zu empfehlen, da die Verletzungsgefahr durch Hängen bleiben mit dem Kopf oder den Hufen immens hoch ist. Besonders bei sehr jungen Tieren die oft herumspringen und toben sind Netze daher zu gefährlich.

Wasser

Besonderes Augenmerk sollte auf die Platzierung des Wasserzugangs gelegt werden. Wenn irgend möglich sollte eine zweite Wasserstelle - ob innerhalb oder außerhalb des Innenraums gelegen – zur Verfügung gestellt werden, um jedem Tier jederzeit den Zugang zu frischem Wasser freizustellen. Verstopfungskoliken können schnell die

Folge sein, wenn ein Pferd zu selten die Möglichkeit hat zu trinken.

Alle außen liegenden Rohre und Zuleitungen zu den Tränken bestehen bei uns nicht aus Metall sondern aus Gartenschläuchen, wodurch uns selbst bei minus 15 Grad noch keine Leitung geplatzt ist, obwohl wir sie nicht leer laufen ließen und abgestellt hatten. Außerdem ist die Reparatur sehr unkompliziert, sollte einmal eine Zuleitung einen Tritt abbekommen, da die Schläuche mit Rohrschellen schnell wieder am Tränkebeckenanschluß zu befestigen sind und von einem Schlag keinen Schaden nehmen, durch den eine Metallleitung verbogen oder zerstört würde. Wir haben die besten Erfahrungen mit „Goldschlange“ Schläuchen gemacht, das sind schwarze, sehr feste Schläuche mit einem goldenen Zackenmuster darauf. Diese sind nahezu unkaputtbar, selbst wenn die Pferde jahrelang mit Eisen immer wieder darauf treten zeigen sie bis heute keinerlei Abnutzungserscheinung und weder Kälte noch Hitze beeinträchtigen die Funktion. Sie sind allerdings recht teuer und leider sehr schwer, eine größere Länge Schlauch lässt sich nur mit Mühe heben. Unser längstes Stück das wir zum Badewanne füllen und Pferdeduschen auf der Koppel verwenden ist ca. 10m lang und ganz schön schwer im Ganzen zu bewegen.

Schön ist auch eine Möglichkeit Regenwasser aufzufangen, denn die Pferde trinken Regenwasser in den meisten Fällen lieber als Leitungswasser. Wer also die Möglichkeit hat eine ausgediente Badewanne in der Nähe einer Regenrinne aufzustellen und auch noch die Zeit aufbringt diese besonders im Sommer regelmäßig und bevor das Wasser grünlich schimmert zu reinigen, tut den Pferden sicher einen Gefallen und spart nebenbei noch Frischwasser. Unbedingt zu prüfen ist hierbei allerdings die Beschaffenheit und die Baumaterialien des Daches, denn einige Chemikalien die in den Materialien des Daches verwendet werden, können sich im abrinnenden Regenwasser lösen und das Trinkwasser stark mit chemischen Rückständen belasten. Wir haben unsere Wanne zusätzlich mit einer Ummantelung aus Holz und Steinwolle darunter verkleidet, was uns das Wasser im Winter ein paar Tage länger eisfrei hält. Bei Frost kann es wie bei Gartenteichen auch helfen, ein Stück Holz, einen Gummiball oder Styropor auf dem Wasser schwimmen zu lassen, das verhindert bei nicht so kalten Temperaturen durch die Bewegung des Schwimmgutes ebenfalls das Zufrieren der Oberfläche.

Und eine Bitte noch an alle die auch andere Tiere als Pferde gern haben: eine kleine Holzlatte die der Wanne bis auf den Grund reicht und mit Schnur oder Seil an der höchsten Stelle der Badewanne befestigt wird, rettet Maulwürfe, kleine Katzen oder Igel vor dem sicheren Tod durch ertrinken in der Wanne. An der Latte können die Kleintiere herausklettern, wenn sie versehentlich beim balancieren auf dem Rand in die Wanne abgerutscht sind. Gleiches gilt für Regenauffangtonnen ohne Deckel. Ist die Tonne nur halbvoll und springt eine neugierige Katze hinein, ertrinkt sie in den meisten Fällen bevor sie jemand finden kann, weil die Tonne zu hoch ist um herauszuspringen wenn die Katze durch die Wassermenge nicht mit den Füßen auf den Boden kommt. Bitte denkt daher daran bei Regenauffangtonnen und anderen hohen Wasserbehältern sicherzustellen, dass kein Tier darin ertrinken wird!

Vorräte

Ein weiterer wichtiger Planungspunkt ist die Lagerung der Futtermittel. Kraftfutter lässt sich sehr praktisch, trocken und mäusesicher in 240 l Mülltonnen oder größeren klappbaren Müllcontainern lagern, die schon für einen kleinen Obolus gebraucht bei den örtlichen Abfallentsorgern zu bekommen sind. Sucht man sich dann noch alte Papiertonnen aus muss man diese nicht mal aufwändig reinigen, was bei alten Rest- oder Biomülltonnen schon mindestens ein Dampfstrahler übernehmen sollte.

Bekommen mehrere Pferde das gleiche Kraftfutter lohnt es sich auch die näheren Futtermittellieferanten abzuklopfen, denn die größere Abnahmemenge sorgt auf Nachfrage meistens für einen günstigeren Preis als die zentnerweise Abnahme in Säcken. Wenn der Platz vorhanden ist, kann man auch über die Anschaffung eines kleinen Getreidesilos nachdenken. Allerdings hat das den Nachteil, dass das Futter geliefert werden muss. Und da das Futter nicht unbegrenzt haltbar ist, sprich man nicht jede Menge abnehmen kann, muss man aufpassen die jeweilige Lagerzeit wegen der danach abnehmenden Futterqualität besser nicht zu überschreiten.

Rauhfutter stellte uns in dem Sinne vor das größte Lagerproblem, als dass man entweder größere Mengen einkauft und damit eine nicht unerhebliche Fläche einplanen muss, oder kleinere Einheiten, die dafür teurer sind und man sich ständig um den Nachkauf kümmern muss. Bei Heu liegen im Vergleich die Kilogrammpreise bei Rundballen ca. 30%-40% unter den Preisen, die für kleine Ballen gezahlt werden müssen.

Rundballen lassen sich aber ohne Maschinen weder heben, noch problemlos bewegen, allenfalls rollen. Wer also keinen Lieferanten hat der die Ballen bis in die Scheune bringt oder auf der Lagerstelle aufstapelt, bekommt hier sicher Probleme. Gar nicht mit der Hand zu bewegen sind so genannte Quaderballen, die deswegen nur für Besitzer von Maschinen der Größe eines Hoftrac´s aufwärts zu empfehlen sind.

Wenn es keine Stelle gibt, wo die Ballen unter einem Dach gelagert werden können bleibt alternativ die Lagerung unter reißfester Folie, die an den Enden durch angebundene Steine oder Balken gegen Wind und Regen gesichert wird. Die Planen müssen die Ballen vollständig bedecken, für die Belüftung und gegen das Eindringen von Bodennässe helfen Paletten, auf denen die Ballen gelagert werden. Leider lassen sich aber trotz Folien und Paletten gewisse Verluste durch die Witterung fast nicht vermeiden, so dass der Lagerung in Gebäuden wenn möglich immer der Vorzug gegeben werden sollte. Auch haben uns trotz zweier wirklich fleißiger Katzen immer wieder Mäuse Löcher in die Planen genagt und so für einige verdorbene Ballen gesorgt.

In unserem vierten Jahr haben wir das erste Mal Zeit gehabt uns um eigenes Heu zu kümmern und einen Bauern mit dem Mähen, Wenden und Pressen zu beauftragen. Herausgekommen sind 11 chemie- und giftpflanzenfreie Rundballen Heu der Extraklasse, und ein erhebendes Gefühl sein eigenes Futter für den Winter „gemacht“ zu haben. Schon vorher so oft gesehen, haben wir bei dieser Ernte wie Zuschauer eines Konzertes auf unserer Wiese gesessen und dem Mähdrescher zugesehen. Keine Ahnung was der Bauer sich dabei gedacht haben muss.

Einstreu und Boden

Hat man als Einstreu für den Schlafbereich Stroh gewählt sind die gleichen Überlegungen wie für Heu zu beachten. Da auch wir nur eine begrenzte überdachte Lagerfläche zur Verfügung haben, haben wir uns aus mehreren Gründen für die Verwendung von Leinstroh, das sind Häcksel aus Leinstengeln, entschieden. Die Vorteile sind auf jeden Fall die einfache Verfügbarkeit, denn die kleinen 20 kg Ballen in Plastiksäcken sind in fast jedem Raiffeisenmarkt oder Genossenschaftsverband vorrätig. Dazu sind die Ballen durch die Plastikverpackung einigermaßen witterungsunempfindlich und immer in gleich bleibender Qualität zu haben. Bei der allerersten Einstreu auf blanken Boden ist zu beachten, dass größere Mengen frisches Leinstreu sehr rutschig sind, weshalb wir wenn wir die komplette Streu wechseln den ersten Belag mit einer Gießkanne leicht anfeuchten, was die Rutschgefahr deutlich mindert.

Wir kaufen zusätzlich immer ca. 100 kleine Ballen Stroh für ein Jahr für die Pferde zum Knabbern. Am Besten gibt man dem Bauern wo man sein Rauhfutter kauft rechtzeitig Bescheid welche Mengen man im Jahr abnehmen will. Bei uns hat das den Vorteil, dass wir die Ballen direkt ab Feld geliefert gekommen und diese dadurch günstiger sind, als wenn der Bauer die Ballen erst noch in seiner eigenen Scheune abladen und erst einlagern muss, bis er sie verkaufen kann.

Während man bei Stroh in einer Lieferung öfter mal einen schlechten Ballen dazwischen hat, ist Leinstreu weitestgehend staubfrei und immer frei von Schimmel. Der ganz große Vorteil ist aber das ca. um 80% reduzierte Mistvolumen, denn überwiegend werden nur die Pferdeäpfel abgesammelt. Da wir uns selbst um die Entsorgung des Mistes kümmern müssen und dieser auch von keinem Bauern mehr umsonst abgeholt wird, ist das eine große Ersparnis. Hat man dann noch die Möglichkeit mehrere Paletten Leinstreu auf einmal einzukaufen, hat man den im Vergleich zu Stroh recht teuren Kilopreis fast wieder ausgeglichen.

Eine weitere Alternative sind Holzspäne, die ähnliche Eigenschaften wie Leinstreu aufweisen. Hier hat man allerdings bei den meisten Bauern große Probleme den Mist loszuwerden, denn obwohl inzwischen mehrere Untersuchungen offensichtlich das Gegenteil beweisen überwiegt die Meinung, dass Holzspäne auf dem Feld schlecht verrotten und den Boden sauer machen. Wer also als Einstreu Holzspäne verwenden will tut gut daran, vorab zu klären, ob irgendjemand den Mist auch wieder abholt.

Noch eine recht neue Variante bei der Stallbodeneinrichtung ist die Verwendung von Kunststoffplatten anstatt Einstreu. Die verschiedenen Hersteller bieten Kunststoffe mit gummiartigen Eigenschaften inzwischen in allen erdenklichen Formen und Besonderheiten an. Von Gummiblöcken ähnlich des Materials für Tartan-Leichtathletiklaufbahnen in Größe und Form eines Beton-Verbundsteins, bis zu 6 cm dicken und 2x2 m großen, wasserdurchlässigen Bodenplatten wird alles im Fachhandel angeboten. Gemein sollen fast alle Produkte haben, dass auf weitere Einstreu fast vollständig verzichtet werden kann. Die Produkte sollen Wärme isolierend, gelenkschonend und langlebig sein und sind im Quadratmeterpreis nicht unter 30,- € zu haben. Wir haben den Schlafbereich komplett mit diesen

Matten ausgelegt und könnten daher in den Monaten die nachts nicht unter 10° Grad Celsius liegen auf fast die komplette Einstreu verzichten. Unsere Pferde schlafen dann überwiegend im Sand auf dem Auslauf und der Aufwand für das Ausmisten verkürzt sich nochmals erheblich.

Als Einstreu nicht zu empfehlen sind Sand, Naturboden und Torf. Sand und Naturboden lassen sich schon nach kurzer Zeit nicht mehr reinigen und man hat einen für Lungen und Hufe ungesunden und nassen Unterboden im Stall, ganz zu schweigen von den eventuellen Problemen mit der unteren Wasserbehörde bei Lage des Stalls in der Nähe eines Wasserschutzgebietes. Torf scheidet für uns trotz guter Eigenschaften im Bezug auf Wärmeisolierung und Saugfähigkeit wegen des äußerst umweltschädlichen Abbaus in Naturmooren aus.

Wir misten unseren Schlafbereich morgens und abends und den Paddock einmal täglich. Im Schlafbereich halte ich das für sehr sinnvoll, da das größtmögliche Sauberhalten einerseits die Einstreu schont und damit deutlich Geld spart, andererseits sorgt das zweimal tägliche Entmisten besonders im Sommer für möglichst wenig Insektenbefall. Spätestens im Winter zu Beginn der schlechten Witterung zeigt das tägliche Reinigen des Paddocks Wirkung, so dass unsere Pferde noch nie von Mauke oder Strahlfäule geplagt wurden. Wir verwenden zum Misten so genannte Bollengabeln aus Kunststoff, die sind leicht, gut zu handhaben und nicht teuer.

Für den Paddock haben wir zusätzlich „Mistboy´s“ angeschafft, das sind kleine Behälter mit einem Stehgriff die mit einer dazugehörigen kleinen Harke befüllt werden. Besonders bei Frost und Matschwetter eine echte Hilfe im Außenbereich. Wir haben nur die mitgelieferte Metallharke durch einen kleinen Handrechen aus dem Garten/Baumarkt ersetzt, mit dem das Zusammenrechen der Haufen leichter funktioniert, als mit der starren Harke.

Wohin mit dem Mist

Die Mistentsorgung kann einen vor Probleme stellen, wenn man entweder keine geeignete Fläche zur Verfügung hat um ihn zu lagern, oder keinen Entsorger findet, der den Mist abholt. Vor Planung des Stalles ist es daher sehr wichtig diese Frage genau zu klären, um hier unliebsame Überraschungen zu vermeiden. In Naturschutzgebieten gibt es andere Vorschriften wie in Wohngebieten und man sollte sich rechtzeitig bei der entsprechenden Stadtverwaltung erkundigen, welche Vorschriften genau auf die eigene Anlage zutreffen. In vielen Fällen ist die Mistlagerung nur auf so genannten wasserdichten Mistplatten gestattet die eine Versickerung ins Erdreich verhindern. Wir haben zum Glück einen Bauern der den Mist für sein eigenes Feld gebrauchen kann und ihn – natürlich trotzdem gegen Entgelt – bei uns abholt.

Ein richtiges Schnäppchen machen bei uns Pferdehalter aus der Nachbarstadt die eine große Champignonzucht in der Nähe haben. Dieser Betrieb benötigt Mengen von Pferdemist und entsorgt die umliegenden Pferdehalter kostenlos.

Manchmal sind auch Gartenvereine und Schrebergärtner an Pferdemist interessiert, allerdings fallen selbst bei uns mit nur 3 Pferden ohne Stroh Einstreu täglich ca. 2 Schubkarren Pferdeäpfel an, das ist wohl doch eine zu große Menge für einen

Hobbygärtner. Aber wir haben natürlich nichts dagegen, wenn sich jemand den ein oder anderen Beutel gut gelagerten Pferdemist abholt und uns im Tausch mit leckerem Gemüse oder Obst aus eigenem Anbau entlohnt. Der guten Nachbarschaft dient es jedenfalls ungemein.

Eine Freundin erzählte uns sogar von einer Sitte in Irland, den Mist von kleinen Höfen in Säcken abgefüllt vor die Türe zu stellen, angeblich holen sich die Nachbarn oder wer auch immer ihn für Erdbeeren und Tomaten gebrauchen kann dort kostenlos weg. Würde uns gefallen, kann ich mir aber in Deutschland nicht vorstellen.

Windschutz

Unsere Stalltüren haben wir, nachdem wir die ehemals vorhandenen Einzelboxen entfernt haben, ausgehangen und ersetzen diese in der kälteren Jahreszeit durch überlappende, durchsichtige PVC-Streifenvorhänge durch die die Pferde jederzeit den Innenstallbereich nach Belieben betreten und verlassen können. Für die Pferde, die bewegliche Hindernisse wie Flatterbänder durch Trailarbeit gewohnt waren, war das eine Gewöhnungszeit von Minuten, dann hatten sie heraus wie Pferd die Streifen mit dem Kopf zur Seite schiebt und hindurchgeht. Diejenigen die so etwas nicht kannten hatten größere Probleme mit den Kunststoffbahnen, die beim Durchgehen den ganzen Körper berühren. Für die haben wir die Streifen zuerst zum Teil ausgehangen und so den Durchgang nach und nach verkleinert, bis auch der letzte verstanden hatte, dass die Plastikmonster nicht beißen. Laut Hersteller empfiehlt es sich sehr, die Streifen besonders auf der Wind zugewandten

Seite nicht zu dünn zu wählen, da sie sonst dem Wind nicht genug Gewicht entgegenzusetzen haben und damit wirkungslos auseinandergeweht werden. Wir haben eine Stärke von 3 Millimetern gewählt und sind damit sehr zufrieden. Auch sollte man auf Temperaturbeständigkeit achten, denn sonst werden die Streifen nach kurzer Einsatzzeit durch die Temperaturschwankungen von Tag und Nach blind und unansehnlich.

Fütterung

Um im Herdenverband gehaltene Pferde gleichzeitig mit Kraftfutter zu füttern muss eine Möglichkeit gefunden werden, die einerseits die Kontrolle über die zugeteilte Futtermenge erlaubt und zusätzlich sicherstellt, dass alle Pferde gleichzeitig Ihr Futter aufnehmen können um Rangeleien zu vermeiden. In unserer Herde haben wir uns für die Fütterung von Kraftfutter aus Futtereimern entschieden.

Dazu haben wir einfache Eimer aus dem Baumarkt gekauft, die Metallhenkel entfernt und an den verbleibenden Henkellöchern mit Kabelbindern rot-weiße Absperrketten aus Plastik befestigt. Die Ketten werden am jeweiligen Pferdekopf so ausgemessen, dass die Nase ungefähr mit der Eimermitte endet, also so, dass noch Futter in den Eimer passt ohne an die Nase zu stoßen, aber auch nicht zu weit, dass sich das Pferd den Eimer wieder auszieht. Die Eimer werden dann noch mit dem Namen des Pferdes beschriftet bei dem Maß genommen wurde, damit auch alles gut passt und es keine Verwechslungen gibt. Die Kunststoffketten haben den großen Vorteil, dass sie zwar stabil sind, bei Gefahr durch Hängen bleiben aber sofort ohne Verletzungsgefahr reißen und den Pferdekopf freigeben.

Sohen

HAMBSCH ? €

Copien Anzeige?

August 2010

Woche Week Semaine	Montag Monday Lundi	Dienstag Tuesday Mardi	Mittwoch Wednesday Mercredi	Donnerstag Thursday Jeudi	Freitag Friday Vendredi	Samstag Saturday Samedi	Sonntag Sunday Dimanche
30							1
31	2	3	4	5	6	7	8
32	9	10	11	12	13	14	15
33	16	17	18	19	20	21	22
34	23/30	24/31	25	26	27	28	29

Außerdem schmiegen sich die Kettenglieder am Kopf an wenn der Eimer zum Fressen auf den Boden abgesetzt wird. Ein Seil oder Band würde da eventuell hochstehen und über die Ohren fallen. Diese Methode erlaubt eine vollständige Kontrolle darüber welches Pferd wie viel Futter aufnimmt, was besonders wichtig ist, wenn ein Tier Medikamente erhalten muss.

Ein weiterer positiver Effekt ist, dass Pferde die viel Futter verstreuen Ihre Ration nicht mehr auf den Boden verschütten und besonders für die rangniederen Pferde der Gruppe ist diese Art der Fütterung recht stressfrei, denn sobald sie von einem anderen Pferd bedrängt werden sollten, können sie einfach ausweichen und nehmen ihren Futtereimer automatisch mit sich mit. Es empfiehlt sich auch allen Pferden die Eimer anzulassen bis das letzte Pferd seine Mahlzeit beendet hat sonst kann es passieren, dass ein schon eimerloses Pferd seine Nase mit in einen Eimer aus dem noch gefressen wird steckt. So fungiert der Eimer zusätzlich als Maulkorb bis alle fertig sind.

Ganz wichtig ist die Pferde mit den umgehängten Eimern niemals unbeaufsichtigt zu lassen wenn mit Wasser gefüllte Badewannen, Regenfässer oder sonstige tiefere Wasserbehälter in Reichweite sind. Würde ein Pferd mit umgehängtem Eimer versuchen zu trinken könnte es regelrecht ertrinken, denn der Eimer würde mit Wasser vollaufen und das Pferd hat ja die Nase bis zur Hälfte im Eimer!

Robust, weil unzerstörbar sind auch Eimer und Schalen aus Vollgummi. Es gibt sie in verschiedenen Ausführungen um die 10,- € im Raiffeisenmarkt zu kaufen. Sie sind aus einem Stück flexiblem Gummi gegossen, haben keinerlei Metallteile und halten auch aus wenn ein Pferd mal mit dem Huf darauf tritt.

Eine zusätzliche Möglichkeit der Trennung zur Futterzeit sind Fressständer. Sobald sich die Pferde daran gewöhnt haben in die engen Ständer zu gehen was in der Regel kaum ein oder zwei Tage dauert und gemerkt haben, dass die anderen Herdenmitglieder ihnen darin nichts anhaben können, ist die Fütterung in Ständern sehr einfach und praktisch. Allerdings ist nur unter Aufsicht oder mit zeitweiser Schließung der einzelnen Stellplätze gewährleistet, dass die Pferde nicht die Ständer tauschen und eine Portion fressen, die einem anderen Pferd zugedacht ist. Die einzelnen Abschnitte sollten dem einstehenden Pferd noch ca. 15 cm rechts und links Platz lassen und mindestens 50 cm länger sein, als das Pferd lang ist, damit andere Pferde die Ihre Mahlzeit schneller beendet haben die einstehenden Pferde nicht versuchen mit Bissen in den Allerwertesten herauszuzwicken. Sind die Ständer enger wird es den Pferden zu eng und sie fühlen sich unsicher, sind die Ständer wesentlich breiter besteht die Gefahr, dass sich ein weiteres Pferd versucht hineinzudrängen oder eins versucht sich darin umzudrehen und stecken bleibt. Es dauert nicht lang und alle Pferde haben gemerkt, dass sie in den Ständerplätzen größtmögliche Ruhe vor den anderen Herdenmitgliedern genießen, denn diese können sich ausschließlich von hinten nähern und tun das natürlich mit allergrößter Vorsicht. Wir hatten Pferde dabei die teilweise zum Dösen in die Ständer gingen, so angenehm war ihnen die Ruhe dort.

Um die Fütterung deutlich zu vereinfachen sollte man bei der Planung der Ständer darauf achten, dass man zur Befüllung der Ständer die Ständer auch von vorn betreten kann, ansonsten wird die Fütterung aufwändiger und das ein oder andere Pferd bekommt auch schnell heraus, dass man es aus dem Ständer

schlecht wieder herausbekommt, wenn man nicht von vorne "anschieben" kann. Und da man eventuell nicht nur mit den eigenen – natürlich exzellent erzogenen Vierbeinern - umgeht, sondern auch mit Pferden anderer Besitzer kann einen da sonst schon mal ein vierbeiniger Mitbewohner gründlich austricksen.

Ganz praktisch ist es, die Ständer hinter den Pferden mit einer Kette zu versehen die mit einem stumpfen Haken in einer festgeschweißten Öse eingehängt wird. So hat man die Möglichkeit einzelne Pferde für kurze Zeit von den anderen zu trennen, was sehr praktisch ist wenn man z.B. zwei noch reiten will, die anderen aber schon auf die Wiese wollen. Hier aber unbedingt auf ausreichende Gewöhnung unter Aufsicht denken, denn es kann auch mal ein Pferd in Panik geraten wenn es aus dem Ständer heraustreten will und einen Widerstand wie eine Kette hinter sich spürt.

Die Seitenbretter unserer einzelnen Ständerabteile liegen in Führungen aus Metallschienen und wir haben sie nur mit je einer Schraube an den Enden verschraubt um im Notfall auch an ein Pferd heranzukommen, dass sich im Ständer hinlegt. Es soll zwar nur selten vorkommen, aber es besteht auch die Gefahr, dass sich ein Pferd erschreckt und im Ständer ausrutscht, da ist es uns lieber wenn wir trotz der unwahrscheinlichen Möglichkeit im Notfall an es herankommen ohne den Ständer auseinander zu schweißen.

Überhaupt haben wir an verschiedenen Stellen wie den Türen und im Innenbereich Ösen angebracht um Ketten einzuhängen um z.B. zum Ausmisten den Stall zu schließen, damit man in Ruhe - vor Pferden die nichts lieber tun als die volle Mistkarre wieder umzuwerfen – den Stall reinigen und die Heuraufen füllen kann. Die Ketten sind links und rechts am Türrahmen mit Schäkeln befestigt und werden in der Mitte einfach mit einem Karabinerhaken geschlossen. Bei Ketten in Höhe bis ca. 60 cm haben wir zusätzlich dicke Gummischläuche über die Ketten gezogen um abzusichern, dass kein Pferd mit den Schenkeln seines Hufeisens in den Kettengliedern hängen bleiben kann, sollte es auf die Idee kommen mit den Hufen an den Ketten herumzuscharren.

Heuraufen für den Außenbereich haben wir nie ausprobiert. Obwohl es die Hersteller anders angeben, waren uns die großen Metallteile immer unsicher, denn unsere Pferde kamen schon immer auf die verrücktesten Ideen ihre Füße oder Hälse irgendwo einzufädeln und sich dann beinahe zu verletzen. Die Modelle mit Dach sind ordentlich teuer und auch so schwer, dass sie kaum ohne Maschinen zu bewegen sind und die ohne Dach kommen auf Grund der schnellen Verschmutzung und Wettereinflüssen eh nicht in Frage. Das gleiche gilt auch für die Möglichkeit in großen ausgedienten Treckerreifen Heu anzubieten. Beim ersten Regen sammelt sich Wasser und Schmutz in den Innenseiten der Reifen, der mit Heuresten innerhalb kürzester Zeit eine stinkende Matsche ergibt, die schlecht zu reinigen und äußerst unhygienisch und unappetitlich ist.

Um eine ausreichende Mineralversorgung zu unterstützen stehen den Pferden zusätzlich Mineral und Salzlecksteine zur freien Verfügung die wir unter Dach angebracht haben, denn bekommen die Lecksteine Regen ab lösen sie sich ziemlich schnell auf und das ganze Salz fließt in den Boden, wo dann die nächsten Jahre nichts mehr wächst.

Im letzten Jahr haben wir dann bedingt durch ein Rehepferd unsere Fütterung mit Heu zur freien Verfügung umstellen müssen. Eine Stute musste eine rationierte Portion bekommen, was uns erst vor ein ziemlich unlösbares Problem stellte, denn trennen wollten wir die Pferde nicht und mindestens 3x täglich Rauhfutter zu geben war mit unserem Beruf nicht an jedem Tag vereinbar. Wir haben uns daraufhin auf die Suche nach Automaten begeben, die eine Heufütterung automatisch übernehmen, dies jedoch nach kurzer Zeit auf Grund der erfragten Preise schnell wieder gelassen. Die auf dem Markt angebotenen Automaten sind dermaßen teuer, dass man dafür schon für mehrere Monate eine Aushilfe einstellen könnte. Nach längerem überlegen und tüfteln haben wir dann eine zündende Idee gehabt und unsere automatische Heufütterungsanlage selbst erfunden und installiert. Dazu haben wir einen Motor gekauft der normalerweise kleinere Stalltüren wie Klappen an Hühnerställen bedient und eine Zugkraft von ca. 56 kg leistet. Er ist wahlweise mit Stromanschluss oder Batterie zu haben.

Dann haben wir engmaschige Heunetze in der Anzahl unserer Pferde an Ösen unter der Stalldecke aufgehängt, die über ein Zugseil in einem Metallring enden. Dieser wiederum wird durch einen Riegel arretiert, an dem der Motor und eine Zeitschaltuhr befestigt ist. Zur gewünschten Zeit zieht der Motor nun den Riegel aus dem Ring, die Heunetze gleiten durch die Befestigungsösen von der Decke und unsere Pferde bekommen pünktlich auf die Minute ihr Mittagessen. Zur genauen Kontrolle der Futtermenge kann es nicht schaden die Netze von Zeit zu Zeit mit einer einfachen Zugwaage zu wiegen, man verschätzt sich sonst leicht was die Menge der zugeteilten Rationen angeht. Wir halten eine ungefähre Faustregel von 2% des Körpergewichtes als Heumenge plus Kraftfutter bei unserem älteren Paintwallach und 1%-1,5% bei unseren Ponies ein, je nachdem ob noch Weidegang dazu kommt oder nicht.

Weidegang

Wenn es die Größe der zur Verfügung stehenden Weidefläche zulässt, ist natürlich ein ganzjähriger Weidegang das Optimum. Allerdings ist in den seltensten Fällen so viel Weideland am Stall, so dass man schon genau überlegen sollte, welche Belastung die Grasnarbe verträgt. Besonders bei Dauerregen muss genau beobachtet werden, ob die Pferde zu große Löcher in die Grasnarbe treten und die Wiese zu sehr zerstören, denn diese wachsen zwar wieder zu, aber leider fast immer mit resistenteren Pflanzen als Weidegras, so dass man nach und nach immer mehr Unkräuter oder Klee und immer weniger Gras auf der Wiese wachsen hat. Daher lässt man einen Tag nach starkem Dauerregen lieber die Wiese einen Tag zu, als dass man am Abend einen umgepflügten Acker vorfindet. Auch im Winter muss besonders wegen dem geringen Wachstum beobachtet werden, wann die Fläche zu sehr leidet und in diesem Fall besser eine Zeit lang auf Weidegang verzichtet werden, sonst kann es passieren, dass die zertretene Fläche zu sehr zerstört ist und sich im Frühjahr nicht ausreichend erholt, was eine teure, neue Einsaat erforderlich macht.

Manche Bauern bieten das Einsäen einer Weide als Lohnunternehmer an, ebenso das Ausbringen von Dünger oder Spritzmittel wenn gewünscht. Wenn eben möglich sollte aber logischerweise auf sämtliche Chemikalien verzichtet werden, dann lieber die Wiese rechtzeitig schonen. Tipps und Bodenanalysen zur Bodenqualität bekommt man übrigens umsonst oder gegen geringes Entgelt bei den örtlichen Landwirtschaftskammern. Neu eingesäte Wiesen sind frühestens nach dem ersten Heuschnitt widerstandsfähig genug für die Beweidung durch Pferde.

Praktisch ist es einzelne Weidebereiche voneinander trennen zu können, um im Turnus verschiedene Parzellen zu schonen. Wenn man keine festen Zäune dafür ziehen möchte reichen auch Zaunpfähle zum Stecken aus Kunststoff, die es in diversen Größen und mit eingelassenen Ösen zum Einhängen der Litzen zu kaufen gibt. Sie werden mit der Metallspitze einfach mit dem Fuß in den Boden getreten und reichen für eine Unterteilung einer fest eingezäunten Wiese, aber nicht für die äußere Einzäunung, dafür sind sie nicht stabil und massiv genug und würden im Falle eines Ausbruchs der Pferde von der Weide sicherlich Schwierigkeiten mit der Haftpflichtversicherung bedeuten.

Sehr wichtig ist auch die Stellen die von den Pferden als „Klo“ benutzt werden regelmäßig von Pferdeäpfeln abzusammeln, sonst breiten sich diese Gailstellen und das ungenießbare Gras was dort wächst immer mehr aus und die Weidefläche mit genießbarem Gras wird zusehends kleiner. Im Herbst werden diese Stellen dann am besten noch einmal kurz gemäht, bei uns machen wir das nach dem Versuch einen Fadenschneider einzusetzen am liebsten mit einer großen Sense und räumen danach das geschnittene Gras von der Weide. Möglich ist aber auch den Nachbarbauern zu fragen, ob er zum Ende der Weidesaison die Gelegenheit hat mit dem Mäher über die Weise zu fahren.

Eine perfekte Möglichkeit ist die Mischbeweidung mit Kühen, die fressen nämlich auch gern das von den Pferden verschmähte grobe Gras und Gestrüpp, aber wer hat schon eine Kuhherde zur Weidepflege? Bei uns freut sich eine engagierte Schäferin über die Möglichkeit zusätzlicher Weidefläche und „leiht" ihre Schafe gern einmal zum Abweiden aus. Hier bitte unbedingt auf einen schafstauglichen Zaun achten, ein Zaun aus 2-3 stromführenden Litzen wie er Pferde abschreckt ist für ein Schaf mit dichtem Wollpelz ein lächerliches Hindernis.

Sollte ein ganzjähriger Weidegang aus verschiedenen Gründen nicht möglich sein ist zu beachten, dass alle Formen von Futterumstellung, so auch die Umstellung auf Weidegang langsam und allmählich von statten gehen müssen. Da die Futterverwertung im Verdauungstrakt des Pferdes mit der Hilfe von Mikroorganismen funktioniert, müssen sich diese Kleinstlebewesen unbedingt im langsamen Übergang an neue Futterarten und Mengen gewöhnen, sonst kann es zum massenhaften Absterben dieser Mikroorganismen im Darm kommen, was Durchfälle, Koliken oder Hufrehe zur Folge haben kann. Besonders im Frühjahr, wo neues eiweiß- und fruktanreiches Gras sprießt sollten die anfänglichen Weidezeiten zuerst nur minutenweise gesteigert werden, bis man den Pferden wöchentlich steigernden Weidegang gewährt. Ist man sich unsicher, wie viel Weidegang für den Anfang im Frühjahr der richtige ist, schadet es hier auch sicher nicht den behandelnden Tierarzt um Rat zu bitten, er kann bei Kenntnis der einzelnen Rassen normalerweise aus Erfahrung abschätzen, welche Intervalle für den Start der Weidesaison sinnvoll sind.

Für die erste Zeit nach dem Weideauftrieb nutzen wir zusätzlich für unser Rehepferd einen Weidemaulkorb der ihr ermöglicht eine längere Zeit mit den anderen draußen zu bleiben und uns garantiert, dass sie nur eine kleine Menge Gras aufnimmt um keinen weiteren Reheschub zu riskieren. Die Maulkörbe gibt es in verschiedenen Größen, das Wichtigste ist eine gute Polsterung, damit sich an Maul und Nase durch die Kaubewegung keine Scheuerstellen bilden und eine perfekte Passform, damit sich das Pferd den Maulkorb nicht über die Nüstern abstreifen kann. Wir haben zusätzlich auf einen Sicherheitsverschluss aus Klett im Genick geachtet der sich bei zu großem Zug löst, falls sie doch einmal versehentlich irgendwo hängen bleiben sollte. Die Gewöhnung an den Maulkorb dauert ein paar Tage und am Anfang sieht es etwas bemitleidenswert aus, wenn die Pferde ungeübt versuchen das Gras durch die mit Absicht klein gehaltene Maulkorböffnung zu fädeln, aber nach ein paar Tagen glaubt man kaum wie geschickt sie es heraus haben, mit dem Maulkorb zu grasen. Hat man Pferde in der Herde die einen Weidemaulkorb tragen ist unbedingt dafür Sorge zu tragen, dass auch mit dem Maulkorb die Tränke ordentlich bedient werden kann und ansonsten ersatzweise eine andere Tränkemöglichkeit einzurichten.

In den letzen Jahren ist ein recht neues Problem, das Jakobskreuzkraut aufgetaucht. Diese Pflanze ist für die meisten Weidetiere hochgiftig und taucht seit einiger Zeit vermehrt besonders auf Wiesen und Straßenrändern auf, die nicht vor der Blüte gemäht werden. Das ermöglicht der Pflanze sich immer weiter zu verbreiten. Wenn möglich sollte jeder Pferdebesitzer die Weidefläche in ausreichend regelmäßigen Abständen abgehen. Nicht nur um eventuelle Giftpflanzen zu entdecken, sondern auch um schadhafte Stellen in den Zäunen zu erkennen und zu beseitigen.

Nützlich ist auch ein Plakat über Giftpflanzen, wie es von einigen Tierarzneimittelherstellern oder Reitvereinen als Werbepräsent verschenkt wird. Dort sind die wichtigsten und gefährlichsten Giftpflanzen für Pferde mit Namen und Bild aufgeführt, so dass auch ungeübte Pflanzenfreunde diese nach einer Zeit schnell und sicher erkennen können. Hierbei schadet es auch nicht sich bei Giftpflanzen und unerwünschten Unkräutern vor der Beseitigung darüber Kenntnisse zu verschaffen, wie die Pflanze am Besten bekämpft wird. Manche Pflanzen wie der Sauerampfer auch als Ochsenzungen bekannt werden z.B. durch abmähen noch weiter verbreitet, weil sie sich durch Wurzelteile weitervermehren und das Dezimieren der überirdischen Pflanzenteile die Produktion neuer Wurzeltriebe anregt. Diese Pflanzen sollten besser mit Wurzel ausgerissen oder zumindest vor der Blüte gemäht werden um einen Erfolg gegen eine weitere Verbreitung zu erzielen.

Wenn man plötzlich allein für einen Stall verantwortlich ist, müssen Zäune nicht nur in Ordnung, sondern auch frei von Bewuchs gehalten werden, denn sonst kommt ein Weidezaungerät schnell an seine Grenzen. Schon bei mittlerem Bewuchs sinkt die Stromimpulsstärke beträchtlich, daher messen wir in regelmäßigen Abständen mit einem Strommessgerät nach, ob noch genug Stromspannung auf den Litzen ankommt. Nicht auszudenken, wenn ein Pferd ausbricht und sich an allem was es draußen findet nach Belieben bedient, oder auf eine Straße gelangt und einen Verkehrsunfall verursacht. Wir schneiden den Bewuchs unter unseren Litzen regelmäßig mit einem benzinbetriebenen Fadenschneider, auch Motorsense genannt frei. Größere Bestände von Brennnesseln oder Disteln gern auch mit einer großen Sense. Das so geschnittene Pflanzenmaterial kann man mit einem Rechen unter den Zäunen aufschichten wo es verrottet und so eine gewisse Zeit durch den Mulch neuen Bewuchs im Zaum hält.

Ab und zu müssen wir auch Zaunpfähle austauschen, die morsch werden oder beschädigt sind. Dazu haben wir uns einen handbetriebenen Erdlochbohrer angeschafft, der erstmal so aussieht, als ob man mit diesem doch sehr einfach aussehenden Gerät aus zwei Griffen, einer Stange und einer Art Schraube am Ende, eine Menge Arbeit hat ein ausreichendes Erdloch für einen ganzen Zaunpfahl auszubohren. Doch wider Erwarten ist selbst ein 80cm tiefes Loch in trockenem Boden ohne größeren Kraftaufwand schnell gebohrt, so dass wir schon ganze Reihen damit gesetzt haben und uns damit den Einsatz eines Bauern gespart haben, der die Löcher mit einer durch einen Traktor betriebenen Erdschraube bohrt.

Medizinische Versorgung

Seit unsere Pferde im Offenstall untergebracht sind, hatten wir noch nie so niedrige Tierarztrechnungen, nichtsdestotrotz muss der Tierarzt hier und da zumindest zum Impfen herbeigerufen werden. Daher ist es ab und zu notwendig ein Tier von der Herde zu trennen um es in Ruhe und ohne Drängelei der anderen untersuchen zu können. In unserem Stall haben wir dies so gelöst, dass ein Viertel des Stalls im vorderen Bereich nicht eingestreut ist und die Pferde dort auf dem Stallboden aus Beton laufen. Diese Stelle ist mit Ketten vom Rest des Stalles abzutrennen und es ist ohne die Einstreu zu betreten (sehr vorteilhaft bei Verletzungen der Beine oder Hufe) möglich das Pferd wie in einer Box zu behandeln. Auch für Besuche des Hufschmiedes bei Dauerregen empfiehlt sich diese Stelle sehr.

Auch kann es vorkommen, dass ein Pferd eine Zeit lang von der Herde getrennt werden muss, um ruhig zu stehen. Wir haben für diesen Fall zwei der ursprünglich im Stall befundenen Boxen stehen lassen und nutzen diese als Aufbewahrungskammer für Mistgabeln und Gerätschaften, hätten aber notfalls eine Box um ein Pferd von den anderen zu separieren. Allerdings sollte man eine Zeit dabei bleiben und sehen, ob sich das betreffende Tier auch von der Herde trennen lässt, denn ein Pferd, dass in der Box wie ein Tiger auf und ab läuft kann sich z.B. bei einer Sehnenverletzung die eigentlich Boxenruhe verlangt mehr schaden wenn es eingesperrt im Kreis rennt, als wenn es langsam in einer ruhigen Herde mitgeht. Hier ist je nach Temperament des Pferdes besser der Tierarzt zu fragen. Wir haben jedenfalls festgestellt, dass auch vorher nicht so herdenverbundene Tiere im Offenstall plötzlich keinen Schritt mehr ohne "Ihre" Herde gehen mögen und es da schwierig wird ein Pferd abzutrennen.

Eine weitere Möglichkeit ist es einen Teil des Stalls und/oder Auslaufs mit einer Stromlitze abzutrennen, so dass das einzelne Pferd die anderen immer sehen kann. Das kann helfen den

Patienten zu beruhigen und verspricht meist mehr Erfolg als das Einsperren in der Box.

Bei kleineren Verletzungen hat man im Offenstall oft mehr Schwierigkeiten die Wunde sauber zu halten, da die Pferde jederzeit im Sand wälzen oder schlafen können. Wir benutzen in solchen Fällen wenn nötig einen Klebeverband namens "Fixomull stretch", das ist ein weiches, selbstklebendes Flies, das auf Fell super hält, sich aber ohne eine "Enthaarungskur" wieder ablösen lässt. So kann man kleine Wunden (Wunde selbst mit Mull abdecken und mit Flies fixieren) abdecken und sauber halten, ohne gleich einen Verband anlegen zu müssen.

Ein besonderes Augenmerk ist im Sommer auf frisch verheilte Stellen oder auf solche, wo nicht die Haut verletzt ist aber das Fell fehlt, sowie auf helle Stellen an Nüstern und Augen zu legen. In unserem ersten Offenstalljahr haben wir mehrere Male Sonnenbrand an solchen Stellen festgestellt, weswegen wir nun solche Stellen im Sommer nicht mehr mit fettigen, glänzenden Salben einreiben und großflächigere blanke Hautflächen ebenfalls mit Fixomull bedecken bis wieder Fell gewachsen ist.

Bei Verletzungen an den Hufen oder abgetretenen Eisen hilft ein Hufsack aus Leder, Jute oder Wachstuch am zuverlässigsten. Damit können die Pferde auch bei nassem Wetter ein paar Tage problemlos herumlaufen, bei täglicher Kontrolle nach Scheuerstellen oder durchgelaufenen Sohlen überbrückt man so prima die Zeit bis zum Termin mit dem Tierarzt oder

Hufschmied. Auch bestens geeignet sind Babywindeln oder in Form eines breiten Kreuzes geschnittene Stücke alten Teppichs mit robustem Montageklebeband befestigt, um die Hufsohle notdürftig zu polstern.

Eine ausreichende Entwurmung ist besonders wichtig, da im Offenstall ein größeres Areal zur Verfügung steht, was schlechter sauber gehalten werden kann als eine einzelne Box und weil alle Tiere ständigen Kontakt untereinander haben. Es müssen unbedingt immer alle Tiere gleichzeitig entwurmt werden, sonst ist die Gabe nutzlos. Um keine gegen ein bestimmtes Mittel resistente Würmer zu züchten muss eine genaue Reihenfolge im Wechsel der Wurmmittel eingehalten werden, die der Tierarzt individuell für die Gruppe zusammenstellen sollte. Dabei sollten bestehende Unverträglichkeiten genauso berücksichtigt werden wie bereits durch Kotuntersuchungen bekannter Befall bestimmter Würmer. Die möglichst genaue Schätzung des Pferdegewichts ist bei der Gabe der Kuren von größter Bedeutung, um ein optimales Entwurmungsergebnis zu erzielen. Vielleicht ist es ja auf einem in der Nachbarschaft gelegenen Hof eines Großhandels oder einer Spedition möglich, die LKW-Waage zu benutzen und die Pferde zu wiegen? Oft haben auch Futtermittelhändler eine Großwaage, oder auf einem nahe gelegenen Turnier bietet jemand die Nutzung einer Pferdewaage gegen eine Gebühr an.

Ansonsten sorgen wir für eine ausreichende Bestückung unserer Pferdeapotheke mit den wichtigsten Salben und Tinkturen. Es empfiehlt sich sehr manche Mittel vorrätig zu halten, sonst kann man nicht schnell reagieren wenn es sein muss. Bei uns gehören dazu die üblichen Salben wie z.B. Bephanten und Betaisodona für kleine Wunden, Rivanol und Wasserstoffperoxyd in

Tablettenform zum Auflösen in Wasser Auflösen als Desinfektionsmittel, ein kleiner Vorrat an Mull und selbstklebenden Verbänden und ein Fieberthermometer zur Standartausstattung. Darüber hinaus halten wir immer einige individuelle Medikamente wie eine ungeöffnete Augensalbe, ein Magenöl gegen Kolik und ein Mittel gegen Sonnenbrand auf Vorrat, man weiß ja schließlich am Besten, was die eigenen Viecher für spezielle Wehwehchen haben.

Insekten

Durch die vielen Holunderbüsche und dadurch, dass wir morgens und abends alle Pferdeäpfel beseitigen, hält sich die Insektenbelastung trotz der Nähe zu einem Bach bei uns in Grenzen. Trotzdem ziehen wir an sehr schwülen Tagen unseren Pferden Fliegenmasken aus Netz an, damit sich die Augen nicht bei starker Fliegenbelastung entzünden. Die Pferde sind dadurch auch beim Weidegang wesentlich ruhiger, weil sie nicht dauernd mit dem Kopf schütteln müssen um die Plagegeister loszuwerden. Im Stall pflegen wir unsere vorhandenen Schwalbennester indem wie sie im Herbst vorsichtig von Brutresten säubern, damit auch im neuen Jahr möglichst viele Schwalbennester bewohnt und bebrütet werden und uns die kleinen Jäger so viele Insekten wie möglich vom Leib halten und verspeisen.

Mit Fliegenfängern aus Leim haben wir keine guten Erfahrungen gemacht, denn diese verstauben innerhalb kürzester Zeit und werden damit wirkungslos. Außerdem gefährden die Leimstreifen die umherfliegenden Kleinvögel.

Wir benutzen zusätzlich ein Insektenspray auf Basis von Geraniumextrakt mit dem wir die Pferde an Tagen mit hoher Insektenbelastung morgens und abends unter den Bäuchen einsprühen. Damit sind wenigstens die empfindlichsten haarlosen Stellen eine Weile geschützt, allerdings empfiehlt es sich besonders als Besitzer von Pferden mit heller Fellfarbe vorher zu testen, ob die Mittel für Schimmel geeignet sind. Viele Insektensprays färben das Fell und hinterlassen hässliche Flecken.

Unsere Stute mit Sommerekzem hatte trotz Spray immer mal wieder den Bauchnabel bzw. das Euter so zerstochen, dass sich richtige Krusten gebildet haben. Hier hat uns eine Paste auf Heilerde Basis gut geholfen. Der Brei kühlt und beruhigt die Haut und bildet eine Schicht die vor neuen Stichen schützt. Nach ein paar Stunden bröckelt die getrocknete Paste praktischerweise ohne Putzen von selbst wieder ab.

Integration neuer Pferde

Ein neues Herdenmitglied bedeutet für alle Beteiligten puren Stress. Gut ist es da wenn man die Möglichkeit und Zeit hat den Neuling erstmal getrennt von den anderen, jedoch mit Sicht- und Geruchskontakt zu halten, damit er sich mit der neuen Umgebung vertraut machen kann und die Alteingesessenen das neue Pferd schon mal sehen und riechen können. Sobald sich die erste Aufregung gelegt hat und die Neugier über Abwehr und Imponiergehabe überwiegt, kann man einen Versuch (unter Aufsicht) wagen. Dabei ist es von Herde zu Herde verschieden ob es besser ist sofort alle zusammenzulassen, erst das ranghöchste Tier zu dem neuen

Pferd oder erst mal den Neuen mit ein paar jungen oder rangniederen Pferden auf Tuchfühlung gehen zu lassen.

Wichtig ist, dass der Neuling Platz hat auszuweichen und sich nirgendwo einklemmen oder in eine „Sackgasse“ geraten kann, notfalls kann man fürs erste solche Ecken mit Litze abtrennen und so „runde“ Ecken schaffen. In den ersten Tagen muss regelmäßig zu verschiedenen Zeiten kontrolliert werden, ob das neue Pferd auch ausreichend Futter und noch wichtiger Wasser bekommt, denn im Offenstall muss es sich seinen Platz in der Herde erst suchen und das kann bei schüchternen Pferden unter Umständen ein paar Tage dauern, bis es vor den anderen Pferden an Futter- und Wasserstellen keine Angst mehr hat.

Bäume

Schön ist es, wenn man ausreichend Bäume auf dem Grundstück hat die im Sommer Schatten und ein Regendach spenden und im Winter gern als Windschutz genutzt werden. Ganz besonders gut eignen sich dafür Walnuss und Holunder, denn beide werden nicht gern gefressen und halten noch zusätzlich durch ihren Geruch die Mücken ab. Wir haben von allem etwas, weshalb wir unsere „leckeren“ Bäume schützen müssen, da die Pferde sonst innerhalb kürzester Zeit die Rinde abfressen und die Bäume damit sterben würden.

Wir streichen in regelmäßigen Abständen die Rinde unserer Obstbäume mit einer dicken Schicht Huffett ein, das hält sie bis auf kleinere Verbissstellen von den Bäumen ab. Einen speziellen Verbissschutz für Pferde haben wir auch ausprobiert, allerdings hat der unsere Nager nicht abgeschreckt und mehr Chemie wollten wir nicht verwenden. Es gäbe noch die Möglichkeit die Rinde mit einer Bambusmatte oder Leinenstoff zu schützen, allerdings ist eine vernünftige Befestigung immer ein Problem und mir war es zu gefährlich mit Seilen oder Schnüren zu riskieren, dass ein Pferd mit einem Fuß oder Hufeisen hängen bleibt und sich verletzt. Aus dem gleichen Grund scheidet auch ein Umwickeln der Bäume mit Maschendraht aus, da immer Drahtstücke überstehen, an denen sich die Pferde besonders die Augen verletzen können.

Bei Obstbäumen besteht im Herbst das Problem von übermäßigem Fallobst, allerdings sind das nur wenige Wochen im Jahr in denen Äpfel, Pflaumen oder Birnen in bedenklichen Mengen herabfallen, dass man eventuell bei empfindlichen Pferden über eine Kolik nachdenken sollte. Wir haben daher von August bis September einen riesigen Birnenbaum so mit Stromlitze abgetrennt, dass wir das Obst einsammeln konnten bevor die Pferde es sich geholt haben.

Von Zeit zu Zeit sollte man zumindest Obstbäume stutzen, um deren Ertrag zu erhalten und sie nicht verwildern zu lassen. Unsere Pferde bekommen von den Ästen die eine nicht zu vermoste Rinde haben dann ein paar dickere Äste zum annagen, was mit Begeisterung angenommen wird. Dazu eignen sich Äpfel und Birnenbäume, aber auch Weiden- und Buchenäste. Am besten bestimmt man vorab genau um was für einen Baum es sich handelt und ob Pferde Äste dieser Bäume verzehren dürfen, Steinobstbäume, Eichen und viele Nadelgewächse sind meist unbekömmlich und können Koliken auslösen. Also besser vorher informieren.

Mit den Ästen die nicht verfüttert werden lässt sich in einer ungenutzten und den Pferden nicht zugänglichen Ecke ein toller Lebensraum für Kleintiere wie nützliche Insekten, Igel, Vögel oder auch Blindschleichen anlegen. Die Äste brauchen nur auf einen Haufen geschichtet werden und bilden dann einen naturnahen Unterschlupf der bald bewohnt wird.

Wir haben einen 20m langen Teil unseres Außenzauns zum Nachbarfeld mit einem richtigen Wall aus Schnittgut und Ästen aufgeschichtet und dadurch zusammen mit den rankenden Pflanzen die sich sofort eingefunden haben einen perfekten Windschutz erhalten, der dazu auch noch sehr umweltfreundlich ist, weil er kleinen Wildtieren einen zusätzlichen Lebensraum bietet.

Im Herbst sind zudem Winterschlaf haltende Tiere dankbar für einen Laubhaufen in dem sie überwintern können. Wir schichten unser Laub nach dem Zusammenfegen einfach im Herbst alles auf eine Stelle und bieten so Anfang des Winters einen ansehnlichen Berg von mehr als einem Meter Höhe zum Bezug durch Winterschläfer an.

Paddock

Da wir im Bergischen Land wohnen, besteht unser Boden größtenteils aus Lehmboden, welcher nicht wirklich der ideale Untergrund für die Pferdehaltung ist. Wir haben daher begonnen den Boden nach und nach mit kleineren Mengen von 4to Sand pro Monat aufzubessern. Das ist etwa die Menge eines kleinen Baustellen-Pickup´s voll. Da Lehm zwar im Sommer ein schöner Untergrund ist, bei viel Regen aber schnell Nässe staut und rutschig wird verbessert der Sand nach und nach die Griffigkeit und Durchlässigkeit des Bodens. Für das Auftragen in kleineren Mengen haben wir uns deshalb entschieden, da wir sonst damit rechnen müssten, dass der Sand sonst bei viel Regen in größeren Mengen vom Grundstück geschwemmt wird, was auf den Wegen nur teuer, auf der angrenzenden Wiese aber sehr ärgerlich gewesen wäre.

Eine wesentlich bessere Lösung bieten die verschiedenen Befestigungssysteme mit Paddockmatten. Diese sind allerdings wie die Gummigranulatmatten für den Innenbereich erst ab ca. 35,- € pro Quadratmeter zu haben, was bei unserer Fläche von ca. 1.000 Quadratmetern Paddock fürs Erste unbezahlbar ist.

Bei einem Stallbesitzer haben wir uns die Verwendung von Hackschnitzeln angesehen, allerdings hält die drainierende Wirkung nur maximal ein Jahr, danach kehrt der Schlamm umso mehr wieder und man hat große Mengen Sondermülls zu entsorgen, denn die Hackschnitzel müssen dann wieder abgetragen und entsorgt werden.

Eine weitere Möglichkeit ist das Pflastern von Bereichen mit Pflastersteinen, was wir aber zu gefährlich fanden, denn im Offenstall sind die Pferde ständig in Bewegung und bei Rangeleien oder übermütigen Sprints hatten wir Bedenken, dass die beschlagenen Pferde darauf ausgleiten.

Auch eine Alternative ist das Aufbringen von Baustellen-granulat wie es zum Unterbau von gepflasterten Bereichen verwendet wird. Mit diesem Boden hatten wir im vorherigen Stall in sofern gute Erfahrungen gemacht, als dass er trocken bleibt und auch bei Frost nicht glatt wird, er ließ sich aber nicht gut sauber halten, ohne dass mit der Zeit erhebliche Mengen abgetragen wurden und wir hatten mehrfach Probleme mit in die Hufe eingetretenen kleinen Steinchen, die in zwei Fällen zu einem Hufgeschwür geführt haben.

Für den Bereich des Fressständerbodens und unseres Putzplatzes haben wir uns für 1 m x 0,5 m große Hartgummiplatten der Firma Ecohorse entschieden, die sich wie Nut und Feder aneinander fügen lassen und damit in Minuten verlegen lassen. Durch ihr hohes Eigengewicht liegen sie bombenfest am Boden und der Quadratmeterpreis war mit ca. 15,- €/qm wirklich bezahlbar. Dazu liegen sie jetzt unverändert seit 4 Jahren im Einsatz und haben nicht die geringste Beschädigung.

Wir haben uns bei der Bepflanzung des Randes für eine Mischung verschiedener Hecken und Bäume entschieden, um die einzelnen Vor- und Nachteile der Pflanzen für uns zu nutzen. Umgeben ist unser Paddock von ca. 30 Fichten, die einen guten Windschutz in der gesamten Gebäudehöhe des Stalls bieten. Wir haben dadurch auch beim Orkan Kyrill Glück gehabt und mussten bis auf ein bisschen Dachpappe nichts am Stallgebäude erneuern. Außerdem sind die Nadelgewächse auch im Winter grün und bieten einen zusätzlichen Regenschutz. Am Fuß der Fichten lassen wir wilde Brombeeren über aufgeschichteten Ästen wuchern, diese bilden im Bodenbereich bis ca. 2m Höhe einen dichten Wall der den Pferden als Windschutz dient und oft genutzt wird.

Als unmittelbare Randpflanzen die bis an den Paddock heranreichen gibt es nichts Besseres als Holunderbüsche. Diese werden von den Pferden nicht angefressen und sind auch für Insekten wegen des Eigengeruchs so unangenehm, dass die Pferde sich zum Teil fast schon in die Äste des Holunders hereinstellen, um die natürliche Insektenabwehr zu nutzen. Holunder ist außerdem völlig anspruchslos, wächst schnell und wenn man ihn ab und zu stutzt auch relativ dicht. Dazu liefert er im Frühjahr Holunterblüten, aus denen man herrliche Limonaden herstellen kann und im Spätsommer Holunterbeeren, die sich für sehr gesunde Säfte und Marmeladen bestens eignen.

Zäune

Wir haben unsere Weidezäune mit Rundlitze in drei Reihen von ca. 1,30 m, 1,0m und 0,50 m Höhe umzäunt und mit einem an die Zaunlänge angepassten Impulsstromgerät gesichert. Die Zu- und Ausgänge sind mit derselben, allerdings hier elastischen Litze plus handelsüblichen Torgriffen bespannt, um das Betreten und Verlassen der Durchgänge einfacher zu machen. Besonders wenn man zwei Pferde führt ist dieses elastische Stromseil eine angenehme Sache und ist man ohne Pferd unterwegs, kann man sogar ohne den Durchgang zu öffnen das Seil mit dem (gut isolierten) Schuh auf den Boden treten und einfach überschreiten.

Für den Bereich der durch Spaziergänger zu erreichen ist haben wir zusätzlich ausreichend Zaunlatten aus Holz angebracht um die unverbesserlichen Fütterer unter den Vorbeigehenden wenigstens etwas auf Distanz zu halten. Auch haben uns an den Außenzäunen angebrachte Schilder wider Erwarten gute Erfolge gebracht die Spaziergänger davon abzuhalten Futter auf die Paddocks zu werfen. Ein Hinweis ob man es selbst schön fände, wenn man selbst etwas in den Garten geworfen bekäme hat bei uns erstaunlicherweise eine Einsicht bewirkt.

Bei den Zaunpfählen hat es sich bewährt ein bisschen tiefer in die Tasche zu greifen. Rundpfähle aus Holz, lang und stabil genug tun bei uns den besten Dienst. Drn Teil der Pfähle der im Boden versenkt wird sollte auf jeden Fall mit Holzschutz behandelt sein, damit man nicht in 5 Jahren den nächsten Zaun ziehen muss. Die günstigen Eichenspaltpfähle wie man sie überall besonders bei Kuhzäunen sieht scheinen aber auch sehr lange zu halten. An diesen ist es allerdings schwierig die Isolatoren für die Stromlitzen einigermaßen grade zu befestigen, da die Pfähle sehr krumm und schief sind. Wer also an die Anbringung seiner Stromlitzen auch gewisse optische Ansprüche hat, der ist mit diesen Pfählen nicht gut bedient. Auch lassen sich an diesen Pfählen kaum Querlatten aus Holz anbringen, was sie für unsere Planungen im Außenzaunbereich zur Straße hin eh unbrauchbar machten. Mit ca. 2,- € pro Pfahl sind sie allerdings unschlagbar günstig.

Mobile Wände

Um einen Teil unseres Rauhfutters das im Innenbereich gelagert wird von den Pferden zu trennen haben wir eine Abtrennung aus Plane erfunden. Dazu haben wir eine große Gewebeplane doppelt gefaltet und mit den offenen Seiten oben an der Wand befestigt, die so entstandene Falte haben wir mit einem passenden Brett gefüllt und damit beschwert, so dass die Plane knapp über dem Boden schwebt. Obwohl dies eine recht instabile Wand darstellt wird diese jedoch von unseren Pferden nicht zur Seite geschoben und trennt mit einer zur Sicherheit davor angebrachten Kette problemlos den gewünschten Raum ab.

Dazu ist diese Wandkonstruktion noch sehr luftdurchlässig was uns sehr zu Gute kommt, wenn wir Heu dahinter stapeln das noch lagern muss und dadurch auf luftige Lagerung angewiesen ist.

Regendecken

In der Regel ist es nicht nötig robust gehaltene Pferde einzudecken. Dennoch kommt es sicher einmal vor, dass es bei Krankheit oder bei sehr alten Pferden einmal sinnvoll ist, ein Pferd über eine gewisse Zeit einzudecken. Auch kann es im Frühjahr oft noch empfindlich kalt werden wenn die Pferde schon das Winterfell gegen ein Sommerfell getauscht haben, da kann ein kurzfristiger Regenschutz manchmal nicht schaden. Wir haben uns für ungefütterte, atmungsaktive Paddockdecken mit Schweiflatz und hoch geschnittenem Hals entschieden, die nicht wärmen, aber das Fell auch bei 12 Stunden Dauerregen trocken halten. Sehr praktisch sind Schnellverschlüsse an Brust und Bauch, die den Vorteil haben, dass sie auch bei unangebundenen Pferden in der Herde mit zwei Handgriffen unkompliziert anzuziehen sind. Verschlüsse mit Schnallen sind zwar angeblich haltbarer, nerven aber schon nach kürzester Zeit, wenn man minutenlang braucht, um alle Pferde „anzuziehen". Es lohnt sich bei Pferden in der Herde auch sehr auf eine gute Qualität der Decken zu achten. Der teurere Anschaffungspreis macht sich schnell bezahlt, denn die Decken müssen auch mal eine Rangelei aushalten und gehen nicht sofort kaputt wenn die Pferde daran ziehen oder sich damit wälzen.

Einfache Deckenhalter um die Decken besonders im Winter nach dem Gebrauch zu trocknen kann man aus einer Stange (z.B. dicke Pflanzstöcke aus Bambus) und zwei Stricken leicht herstellen. Dazu werden die Stangen ungefähr in Deckenlänge zugeschnitten und am Ende mit je einem Strick versehen, so dass man dieses Trapez irgendwo im Stall wo Platz ist in Kopfhöhe aufhängen und die Pferdedecken darauf ausbreiten kann, damit die Decken nicht schimmeln und schnell wieder trocken sind. Alte Handtuchstangen aus dem Bad eignen sich ähnlich gut wenn sie groß genug sind.

Apropos Regen, einen guten Tipp bekamen wir seinerzeit von einer Freundin zum Thema Regenwetter. Da Offenstallpferde meist wesentlich mehr Zeit im Freien verbringen als Boxenpferde und es meist auch bei Regen bevorzugen draußen zu sein, kann die Haut an Kronrand und Fesseln schon mal empfindlich sein. An so einem Tag sind wir über ein Stoppelfeld geritten und haben dabei nicht gemerkt, dass sich die rauen Stoppeln in die aufgeweichte Haut gepiekt haben und winzige Wunden hinterließen. Die Haut war am Tag darauf geschwollen und wir konnten uns erst nicht erklären, wo das herkam. Seitdem machen wir uns bei Matschwetter die Mühe und ziehen den Pferden wenn wir aufs Stoppelfeld gehen zum Schutz weiche Neoprengamaschen über Fesselbeugen und Röhrbeine, wie sie oft im Westernreitsport verwandt werden.

Hufschmied

Bei Beschlagterminen hatten wir zuerst das Problem, dass wir draußen keine gepflasterte Fläche zur Verfügung hatten, auf der der Schmied beschlagen konnte. Wir behelfen uns daher mit einem 3m x 4m großen Stück grünen Kunststoffteppich, auch Grasteppich genannt, auf das wir die Pferde zum Beschlag stellen. Der Teppich ist sehr unempfindlich gegen Nässe, trittfest und zudem noch für ein paar Euro pro Quadratmeter billig zu haben. Nach dem Beschlagen rollen wir den Teppich einfach wieder zusammen und verstauen ihn so Platz sparend bis zum nächsten Gebrauch.

Sonstige praktische Ideen

Bis wir unsere Pferde automatisch aus Netzen gefüttert haben, haben wir verschiedene Möglichkeiten ausprobiert, die wir aber alle nach und nach wieder verworfen haben. Ganz witzig war eine große blaue Regentonne mit Deckel in die wir handtellergroße Löcher geschnitten hatten und die wir mit Heu befüllt haben. So mussten die Pferde das Heu aus den Löchern zupfen und waren lange beschäftigt. Es war auf Grund des Materials allerdings schlecht möglich die eingeschnittenen Löcher richtig glatt zu bekommen, damit die Pferde sich nicht an scharfen Stellen die Lippen verletzen konnten. Der Umstand, dass die Tonnen dann oft umfielen und dadurch über den Boden rollten hat uns diese letztlich wieder entsorgen lassen. Durch die Löcher drang besonders bei Matschwetter dabei so viel Dreck und Sand ein, dass wir die Tonnen nicht lange behalten haben. Auch ein passender LKW Reifen um die Tonnen darin aufzustellen war keine gute Lösung, wenn die Pferde daran richtig herumgezupft haben dauerte es nicht lang und die Tonnen lagen wieder im Dreck.

Eine befestigte Stelle zum Putzen der Pferde ist sehr angenehm. Wir haben im Innenbereich große Wandhaken mit Ösen in den Wänden befestigt, aber der Innenbereich eignet sich nur zum Putzen wenn die Pferde nahezu sauber sind, ansonsten wirbelt der Staub und Dreck aus dem Fell durch den gesamten Innenbereich, weswegen wir wann immer es geht die Pferde an der frischen Luft putzen. Für den Außenbereich haben wir uns einen Putzbalken selbst gebaut. Dazu haben wir zwei 2 m lange Pfähle in 3m Abstand 80 cm tief im Boden versenkt und einen ähnlich dicken Balken quer darauf befestigt. Den Querbalken haben wir zusätzlich mit Lochband aus Draht an den senkrechten Balken befestigt, so dass kein Pferd den Querbalken abreißen und mit sich schleifen kann wenn es angebunden ist und sich erschrecken sollte.

Dann haben wir uns auf die gleiche Art aus drei Eisenbahnschwellen einen robusten Aufsteigebalken gebaut. Der Balken ist vom Boden aus etwa 75 cm hoch. Man kann kaum glauben, welche Hebelwirkung durch den direkt neben den Wirbeln liegenden Sattelbaum auf die Wirbelsäule ausgeübt wird, wenn man sich einseitig mit dem ganzen eigenen Körpergewicht in einem Steigbügel auf den Pferderücken hoch schwingt.

Da ich auch auf meine 1,35m kleine Appaloosamix Stute immer mit Balken aufsteige habe ich mir schon den einen oder anderen Lacher von Mitreitern eingefangen. Das ist mir aber total egal wenn ich damit meinem Pferd das Aufsteigen angenehmer mache. Man sieht bei immer mehr Reithallenherstellern, dass diese fest eingebaute und in die Banden eingelassene Tritte zum Aufsteigen anbieten, die den Reitern und Pferden gleichzeitig das Aufsteigen erleichtern, da können wir nicht ganz so falsch liegen.

Matschige Schuhe hat man im Winter fast immer und wenn man direkt neben dem Stall wohnt, dann ist man es irgendwann so leid immer wieder die schlammigen Schuhe in den Wohnbereich zu tragen. Wir haben dafür alte ausgediente Wurzelbürsten so auf einem Gestell angebracht, dass man sich mit den Schuhen auf die unterste Bürste stellt und die Seitenbürsten von allen Stellen den Stalldreck von den Schuhen holen, ohne, dass man mit der Hand schrubben, oder sich bücken muss.

Mit Pferden spielen

So manches Mal waren meine Pferde im Winter wenn sie sich bei entsprechendem Wetter genüsslich gewälzt haben so dreckig, dass ich mir das Reiten gespart habe. Warum an so einem Tag nicht mal ein bisschen Bodenarbeit machen oder ein Spiel ohne Sattel? Das macht beiden Spaß, ist mal was anderes und fördert Gelassenheit und Vertrauen.

Der Phantasie sind beim Erfinden von Spielzeug für die Bodenarbeit keine Grenzen gesetzt. Wir haben alte Autoreifen, einen ausrangierten Eimer und große Wurzeln zum knabbern und klettern im Angebot. Für unseren einzigen Herrn im Haus, einen Wallach der immer so gern etwas kaut oder im Maul herumträgt haben wir ein Holzstück an einem alten Führstrick befestigt und von einem Ast herunterhängen. So schwingt das Holzstück hin und her was ihm einen Reisenspaß macht danach zu schnappen und daran zu kauen. Auch zwei große Fußbälle werden ab und zu gern über das Grundstück gekullert, offensichtlich haben wir Pferde auch am Kicken Spaß.

Einen Baum den wir fällen mussten haben wir ca. 50 cm über dem Boden grade abgesägt und den Stumpf samt Wurzel im Boden belassen. Dieser Klotz eignet sich hervorragend als Podest um den Pferden kleinere Spielereien beizubringen, z.B. die Vorderhufe auf Verlangen darauf aufzustellen. Auch als Aufsteighilfe für Reiter ohne Sattel leistet er gute Dienste.

Stangen um Labyrinthe zum Durchgehen und Biegen auf den Boden zu legen lassen sich gut aus großen, graden Ästen herstellen. Mit ein bisschen Farbe lackiert stehen sie gekauften Hindernisstangen um nichts nach und mit Pylonen wie man sie auf Baustellen verwendet lässt sich ein einfacher und mobiler Hindernisparcours immer wieder neu aufstellen.

Hat man Äste in den Paddock- oder Reitplatzbereich hereinragen und sind sie so hoch, dass man ein Pferd darunter her führen oder reiten kann, kann man Vorhänge aus rot-weiß gestreiftem Plastikabsperrband oder Gewebeplane aufhängen und mit den Pferden üben solche Hindernisse zu Unterqueren, was zum Beispiel auf Gelassenheitsprüfungen immer wieder gern verlangt wird.

Aus leeren 25kg Möhrennetzen lässt sich ein erstklassiger „Raschelsack“ herstellen. Gefüllt mit leeren Blechdosen, Plastikfolien oder Luftballons und einer Schnur zum Zubinden, die so lang ist, dass sie bis aufs Pferd reicht, kann man vom Pferd aus Übungen machen wie den Sack hinter dem Pferd herziehen, ihn auf oder von Tonnen heben, oder wie beim Staffellauf an andere Reiter übergeben. Aufgaben dieser Art werden bei Trailparcours oder Gelassenheitsprüfungen schon mal verlangt und sind eine gute Übung um Pferden Vertrauen zu lehren und die Angst vor unheimlichen Geräuschen zu nehmen.

Ausgediente Hexenbesen lassen sich prima zum Pferdehockey verwenden, allerdings geht das meist nur bei kleineren Pferden, oder man verlängert den Besenstiel. Mit dem Besen wird vom Pferd aus ein am Besten leichter Fußball einen vorher festgelegten Weg möglichst exakt über den Boden gekullert. Je mehr Kurven und Schwierigkeiten diese Route hat, umso mehr werden Koordinationsvermögen und Geschicklichkeit trainiert. Außerdem werden Pferd und Reiter Reaktionsschneller und die Hilfen feiner. Möglich ist auch mit mehreren auf abgesteckte Tore zu zielen und Pferdehockey zu spielen. Als Tor eignet sich alles, was keine Stolperfalle darstellt und an dem man sich nicht stoßen kann.

Ist man im Pferdehockey geübt und hat man mehrere Spieler zur Verfügung kann man es auch mit einem einfachen Jagen und Fangen Spiel versuchen, damit hatten wir als Teenies jede Menge Spaß. Ein Spieler bekommt eine Beute in Form eines Stücks Stoff. Dieses wird am Arm, Bein oder Sattel des Reiters so befestigt, dass die anderen Reiter es erreichen und abreißen können, wenn sie es schaffen nahe genug heran zu kommen. Dieser Reiter wird auf einem vorher festgelegten Spielfeld wie z.B. dem Reitplatz so lange verfolgt, bis es einem anderen Reiter gelingt ihm das Stoffstück zu entwenden. Hat ein Reiter das Stoffstück erbeutet wird dieser automatisch sofort zum Gejagten und das Spiel geht von vorne los. Die Pferde haben meist innerhalb kürzester Zeit heraus, ob grade ein Ziel verfolgt wird, oder ob sie der Gejagte sind und machen wirklich mit Spaß mit. Es erinnert mich immer ein bisschen an Cutting, denn ohne dass alle unsere Pferde eine solche Ausbildung haben, cutten sie das „Opfer“ bald wie von selbst und helfen richtig mit. Bei uns war es immer eine Regel, dass Fangen nur mit Halfter gespielt wird, um im Eifer des Gefechts nicht versehentlich zu ruppig mit den Zügeln umzugehen. Hat man Anfänger dabei kann auch die Gangart begrenzt werden, so dass z.B. alle nur im Schritt gehen dürfen.

Aus stabilen Brettern mit mindestens 3m Länge kann man eine einfache Wippe herstellen, indem man mehrere Bretter bis zur gewünschten Breite der Länge nach zusammenlegt und diese auf der Unterseite mit entsprechenden Querstreben fixiert und verstärkt. Als Achse dient ein in der Mitte der Wippe untergelegter Klotz in gleicher Breite, der gegen Verrutschen fixiert wird. Nach ersten Übungen im darüber Gehen kann die Schwierigkeit des Hindernisses durch Stehen bleiben in der Mitte der Wippe gesteigert werden. Manche Pferde lassen sogar zu, dass der Reiter durch Verlagerung des Gewichtes auf dem in der Mitte der Wippe stehenden Pferd, mit dem Pferd zusammen wippt.

Toll sind auch Planen, Regenschirme oder Luftballons, alles Dinge, die einem bei jedem Geländeritt begegnen können. Sperrt doch mal Regenschirme anstatt Pylonen zum Slalomreiten auf, eine „Mauer" aus Lufballons lässt sich übersteigen, daran entlang Schenkel weichen, oder man kann auch mal Ballons absichtlich knallen lassen. Und mit einer Plane kann man am Boden mit Steinen beschwert Wassergräben bauen, einfach von allen Seiten über sie drüber reiten, oder man kann sie auf dem Pferd falten und transportieren, wenn das Pferd es zulässt.

Um einmal zu kontrollieren wie es um die eigenen Reitkünste bestellt ist, kann man aus einem einfachen und möglichst steifen Stück Seil einen Halsring herstellen. Ziel ist sein Pferd mit diesem Halsring ohne weiteres Kopfstück oder Halfter zu lenken. Ungeübte sollten für den Anfang unbedingt darauf achten, dass die ersten Versuche auf einem geschlossenen Areal wie einem Reitplatz stattfinden, bevor man weiß, wie das Pferd auf die ungewohnte „Freiheit" reagiert. Die Einwirkungsmöglichkeiten mit Halsring sind gegenüber denen eines Gebisses relativ gering, was die Konzentration auf andere Hilfen wie Gewicht, Stimme und Schenkel erfordert. Eine sehr gute Übung!

Der geeignete Miteinsteller

Dies ist ein Kapitel, was ich im Vorfeld zu 200% unterschätzt habe. Ich war als jahrelanger Pferdebesitzer mit unzähligen, verschiedenen Reitern und Pferdehaltern eng bekannt und ich habe wirklich fest daran geglaubt, dass mich hier nichts mehr überraschen kann. Von Besitzern mit völlig überzogenen Vorstellungen die ihr Pferd einem Kindersatz ähnlich behandelten, bis zu vollkommen desinteressierten Zeitgenossen die erst am Stall auftauchten wenn der Hofbesitzer schon dreimal angerufen hatte und der Tierarzt schon auf dem Hof stand, dachte ich, dass ich bereits annähernd alle Marotten kenne.

Deshalb hatten wir vor der Planung und dem Umzug bereits die Details mit allen Pferdebesitzern der geplanten Gruppe aufs Ausführlichste besprochen und uns dazu noch entschieden, nur Leute mit in unseren Stall zu nehmen, die sich alle auch untereinander schon jahrelang kannten. Allerdings stellte sich schnell heraus, dass wir mehrere Faktoren die sich speziell aus der Offenstallhaltung ergaben völlig in unseren Überlegungen vernachlässigt hatten. Zum Einen ist die Bildung der Rangordnung in einer solchen Pferdegruppe sehr viel komplexer als sich das in der normal üblichen Boxenhaltung darstellt, bedingt dadurch, dass die Pferde nicht nur stundenweise zusammenkommen, sondern 24 Stunden am Tag in der Gruppe verbleiben. So ist z.B. zur Fütterungszeit nicht jedes Pferd ob ranghoch oder rangniedrig abgeteilt von den anderen in einer

Box, sondern nimmt seine Ration innerhalb der Gruppe auf, was auch mal mit Gerangel verbunden ist, bis sich die Rangordnung gefestigt hat. Auch werden zur Ruhezeit die besten (Liege-) Plätze unter den Herdenmitgliedern ausgemacht, wie in einer natürlichen Herde eben. Dies stellte den ein oder anderen Einsteller in sofern vor Probleme, dass ein Gefühl von Mitleid bei einigen aufkam, die ihr Pferd nunmehr plötzlich nicht mehr in der Box sahen, sondern auch mal im Regen draußen stehend.

Als das zweite größere Problem empfand ich persönlich den Umstand, dass bei nunmehr ganztägigem Auslauf der persönliche Umgang durch einige Besitzer mit ihren Pferden immer weniger wurde. Frei nach dem Motto „ es ist ja den ganzen Tag draußen und in Gesellschaft“ wurde immer mehr, besonders an Schlechtwettertagen an Umgang oder Ausritten gespart. Das hatte zu Folge, dass die Pferde die sonst täglichen Umgang mit ihren Besitzern hatten und diese nun eher selten sahen, dadurch ungezogener wurden und zum Teil regelrecht rüpelhaft gegenüber einigen Zweibeinern auftraten.

Ein weiteres Problem war, dass sich das Ausmisten des Stallbereiches jetzt nicht mehr nur auf die Größe einer Pferdebox im überdachten Stall beschränkte, sondern, dass nun ein Bereich täglich sauber zu halten war, der inklusive Laufstallbereich und unüberdachter Außenfläche mit ca. 1.000 qm die Größe einer Box um ein Vielfaches überstieg. Und so schön es ist den Pferden den ganzen Tag freie Bewegung zu ermöglichen, so lästig war es dann aber doch die ganzen Pferdeäpfelhaufen auf dem gesamten Gelände – erst Recht bei Regen und Kälte - einzusammeln.

Kurz gesagt, es war mehr als deutlich festzustellen, dass eine Offenstallhaltung für den Reiter keinesfalls die im Bezug auf Arbeitsaufwand und Komfort einfachere Haltungsform ist, weswegen drei der anfangs acht Pferdebesitzer innerhalb von weniger als einem Jahr wieder in den alten Pensionsstall zurückgekehrt sind.

Hinzu kam, dass wir uns mit so wenigen Einstellern manchmal tagelang nicht sahen, weil wir zu sehr unterschiedlichen Zeiten am Stall waren. Dieser Umstand der fehlenden Geselligkeit war auch einer dieser Punkte, an die ich vorher im Traum keinen Gedanken verschwendet hätte. Wie froh war ich in all den Jahren als Einsteller auf einem großen Hof mit 50-60 Pferden, wenn abends in der Stallgasse keiner mehr war, bei Tierarztbesuchen keine allwissenden Mitredner vor der Box fachsimpelten oder ich den Reitplatz mal ganz für mich alleine hatte. Aber genau das hat nach einiger Zeit zweien unserer mitgebrachten Einsteller die Haltung in Eigenregie gründlich verdorben. Ihnen fehlten einfach die Grüppchen, die unverbindlichen Schwätzchen und Gerüchte und die Auswahl an Mitreitern ins Gelände.

Ich kann also nur jedem der wie wir aus der Pferdehaltung am Haus ein Gemeinschaftsprojekt macht raten, sich seine Mit(st)reiter sehr genau auszusuchen und mit diesen auch genaueste Absprachen zu treffen welche Arbeiten anfallen und wer diese wann erledigt. Spätestens in der Winterjahreshälfte fällt es sonst dem ein oder anderen erst auf, dass die gemütliche, trockene Stallgasse fehlt und Stallarbeiten auch bei Kälte und Regen draußen erledigt werden müssen.

So, das waren unsere Erfahrungen aus insgesamt vier Jahren Pferdehaltung in Eigenregie. Viele Dinge haben sich erst nach und nach ergeben, auf manche Ideen sind wir nur aus Notwendigkeit gekommen, andere haben wir als unpraktikabel leider wieder verwerfen müssen und bestimmt werden noch viele dazukommen. Mit Tieren am Haus passiert jeden Tag etwas anderes, es ist immer etwas zu reparieren oder zu verbessern, es muss versorgt, gekümmert, beschafft oder kontrolliert werden und wie schon eingangs gesagt, die Arbeit hört einfach nie auf.

Aber tauschen würden wir nicht mehr. Die immer wieder auftretenden Querelen und schwierigen Absprachen in Pensionsställen, unflexible Stallbesitzer und unzuverlässige Miteinsteller sind aus unserer Freizeit verschwunden. Wir haben sie gegen eigene Verantwortung und völlige Ruhe eingetauscht. Zwar müssen wir uns jetzt um alles selbst kümmern und Urlaub für mehr als einen Tag gibt es auch nicht mehr, dafür leben wir aber unseren Traum mit allen unseren Tieren die wir nicht nur eine Stunde täglich sehen, sondern wann immer wir aus dem Fenster gucken.

Wir haben unseren Urlaub eben jeden Tag auf unserer „kleinen Farm“.

WALNUT
GROVE

Notizen